Oumar Tangara

OUMY et sa Charmante, un couple idéal

Oumar Tangara

OUMY et sa Charmante, un couple idéal

Une histoire d'amour pas comme les autres !!!

Éditions Muse

Imprint

Cover image: www.ingimage.com

Publisher:
Éditions Muse
is a trademark of
International Book Market Service Ltd., member of OmniScriptum Publishing Group
17 Meldrum Street, Beau Bassin 71504, Mauritius
Printed at: see last page
ISBN: 978-620-2-29777-6

OUMY & SA CHARMANTE, DE L'AMITIÉ AU COUPLE

Quelle belle histoire d'amour !!!

Dédicace

Du plus profond de mon cœur, je dédie ce livre à tous ceux qui me sont chers,

A ma mère en premier lieu, celle qui s'est battue et sacrifiée pour ma réussite. Aucune dédicace ne saurait exprimer ma reconnaissance et mon amour éternel pour celle bonne dame,

A mon papa qui m'a éduqué avec des valeurs qui m'ont permis d'être un homme de valeurs aujourd'hui, je n'ai pas de mot pour remercier à sa juste valeur ce visionnaire papa,

A ma charmante épouse Aicha, celle pour qui, ce livre a vu le jour et dont les soutiens multiformes ne m'ont jamais manqué.

A mes deux (02) adorables enfants : Aliou Oumar & Daouda Oumar, qui illuminent ma vie avec tant de joies.

A tous mes amis et collègues sans distinction que cette page est trop petite pour citer tous leurs noms mais je ne saurais oublier personne.

Remerciements

Ce livre est le couronnement d'un travail acharné des mois au cours desquels j'ai bénéficié de la patience et de l'assistance des personnes qui me sont cher.

Je réitère toute ma reconnaissance à mes parents pour leur amour éternel et leur soutien sans faille,

Que ma chère épouse Aicha retrouve ici tout mon amour et ma reconnaissance,

A mes adorables enfants Aliou Oumar & Daouda Oumar.

A tous ceux qui ont contribué de près et de loin,

A la maison d'Editions Universitaires Européennes, qui vient de traduire à travers la présente publication, mon rêve tant cher en réalité qui est de faire de moi « auteur ».

Résumé

Cette histoire est si belle, si instructive et si récente qu'on doit à tout prix la lire.

Il s'agit de l'histoire d'un jeune intelligent ayant traversé des moments difficiles dans sa vie mais qui est resté toujours debout et attaché à ses objectifs.

Ce jeune, n'ayant pas été autant intéressé aux filles pendant son adolescence, va connaitre une jeune charmante fille qui va s'approprier de son cœur.

Le jeune homme, par sa brillance en poème réussira à toucher le cœur de sa charmante qui avait besoin de l'assurance et de sincérité.

De virtuel en physique, les deux jeunes commencent leur aventure pendant six mois avant de se voir en causant uniquement sur les applications telles que viber et messenger.

Et leur amitié durera peu de temps avant de se transformer en amour au point qu'ils décident de fonder leur foyer,

Rassurés de leur amour l'un pour l'autre pendant leurs échanges, se sont projetés à faire les fiançailles sans pourtant savoir si cela serait le cas en présentiel.

Quand ils se verront pour la première fois après les fiançailles, ils confirmeront le contenu de leurs cœurs.

Sans surprise aucune, ces jeunes amoureux réussiront à mettre en place une entente parfaite au sein de leur couple car leur amour était sincère depuis le début,

Ainsi, cette histoire expliquera à quel la sincérité a de la valeur dans une union et que le vrai amour existe toujours.

SOMMAIRE

I. Qui est Oumy ??? 6

II. Qui est la charmante ??? 11

III. Rencontre entre Oumy et sa charmante !!! 12

IV. Vingt-quatrième anniversaire d'Oumy, l'élément déclencheur de toute l'histoire 14

VI. Premier poème de Oumy à sa charmante : Pour toi !! 17

VII. Deuxième poème de Oumy à sa charmante : la distance !! 19

VIII. Prise de décision de fiançailles par Oumy 23

IX. Séjour spécial d'Oumy après les fiançailles 25

X. Premier anniversaire de la charmante d'Oumy après les fiançailles 27

XI. Mariage du jeune couple 28

XII. La vie de couple 31

XIII. Le recueil des poèmes d'Oumy 32

A. Poème 1 : A l' occasion du mariage !! 32

B. Poème 2 : Qui ne veut pas t'avoir ma charmante ?? 34

C. Poème 3 : Celle qui m'a permis de connaitre le sens du mot « Aimer » 36

D. *Poème 4 : Oui je t'ai choisi ma charmante!!* 37

E. Hommage à Tembely 39

F. Poème : Ma charmante adorée ! 40

G. Poème : Hommage à ma mère !! 41

I. *Qui est Oumy ???*

Il s'agit de l'histoire d'un jeune malien de 24 ans du nom de Oumy et sa Charmante, une belle fille malienne moins âgée de 02 ans que son amoureux.

Le jeune Oumy a connu une enfance pas facile car issu d'une famille non aisée financièrement, s'est toujours battu énergétiquement afin de rendre fiers ses parents de lui.

Il a d'abord fréquenté une école coranique à l'âge de 4 à 6 ans avant de regagner l'école française à 7 ans.

Toujours intelligent et classé parmi les trois (3) premiers de sa classe, le jeune Oumy avait la rage de l'excellence et ne supportait pas d'être devancé par ses camarades de classe.

Il avait peu d'amis pour cause de compatibilité de valeurs telles : honnêteté, loyauté, sincérité et excellence.

Il n'aimait pas rester sans rien faire même pendant les vacances, c'est ainsi qu'il partait aider son papa qui était commerçant dans un marché de la place à vendre les articles de la boutique.

Il avait commencé à aller aider son papa dès son âge de 9 ans jusqu'à 13 ans.

Excellent en mémorisation, il écoutait tous les débats animés par des amis de son papa à majorité fonctionnaires qui venaient passer tout le weekend devant la boutique de son papa.

Il faisait le thé pour les amis de son papa et il était apprécié par eux non pas pour la qualité de son thé mais à cause de sa discipline, son savoir-vivre et son humilité.

Ce jeune toujours adoré par les gens pour sa modestie, écoutait attentivement les débats animés autour de lui et apprenait déjà pas mal de choses.

Ces débats autour de lui, lui ont permis de développer davantage son intelligence et sa compréhension de la vie.

C'est la raison pour laquelle, son raisonnement était toujours au-dessus de celui des enfants de son âge voire les enfants plus âgés que lui de 5ans.

Il avait pris goût au sens de la maturité et aimait beaucoup causer avec les gens matures.

Après son obtention du certificat d'étude primaire (CEP) à 13 ans avec brillance, il avait toujours la détermination de poursuivre son objectif de cultiver de l'excellence.

Aussi attiré par l'art, il avait sollicité son papa de lui permettre d'apprendre la couture dans un atelier en face de la boutique de son papa pendant les vacances, chose que son papa a accepté.

Pendant son passage dans cet atelier de couture environs cinq (05) vacances successives, il avait marqué tout l'atelier par son raisonnement bien muri.

Toujours désigné par le patron de l'atelier pour la prise de mesures des gens car étant la seule personne mieux instruite et ayant la facilité de se rappeler tout se ce qui se passait devant lui.

Sa brillance lui a couté une place auprès du patron, mais il devait rester vigilant à cause de son jeune âge autant sollicité par ses collègues plus âgés que lui.

Toujours passionné par l'art de couture mais ne s'amusant quand il s'agissait de l'école, une fois la reprise de l'école, Oumy ne passait plus par le chemin de son atelier bien que situé sur son chemin d'école parce qu'il tenait à cœur ses études.

Parallèlement à la couture, le jeune Oumy était aussi un passionné du sport et en rentrant le soir à la maison, il regardait les pratiquants des arts martiaux sur son chemin.

Jeune inspiré, il était capable de répéter le lendemain tout ce que faisaient les pratiquants des arts martiaux.

Observé par un grand pratiquant des arts martiaux dans son attachement à l'art, ce dernier lui inscrit aux arts martiaux.

A peine devenu disciple des arts martiaux, il avait commencé à briller par son excellence, bravoure surtout par son efficacité.

Admiré par les enfants de son âge, qui en passant, tombaient sous le charme de son efficacité leur donnant envie de venir s'inscrire.

Ainsi, la salle venait d'être remplie par des enfants à cause de lui.

De là-bas, il venait de faire la rencontre d'un jeune beau et intelligent comme lui du nom de Tembely en 2006 quand il avait 15 ans.

Tembely était moins âgé de 02 ans environs que lui et les deux (02) s'entendaient à merveille, ce qui a permis à Oumy de sortir de la solitude.

Les jeunes hommes adorables étaient tous les deux (02) intelligents et accros à l'excellence.

Un an plus tard, le jeune Tembely venait de tomber malade et cette maladie lui a couté la vue malgré des soins en France.

De son retour à Bamako, après un séjour de plus d'un mois de traitement, Oumy retrouvait son ami Tembely mais pas au meilleur de sa forme car il ne voyait plus.

Cette situation bouleversante venait de consolider leur amitié car Oumy devait manifester sa solidarité envers son ami Tembely.

Ainsi, pour manifester sa solidarité à Tembely, Oumy lui avait promis de lui rendre visite chaque jour pour ne pas qu'il se sentait délaissé.

Oumy, par son intelligence et son sens du savoir vivre, était la seule personne qui donnait de la joie à Tembely.

Tembely, malgré son handicap, était devenu un génie plus qu'avant.

Pour pouvoir continuer ses études, les parents de Tembely venaient de lui inscrire à l'école des handicapés de Bamako.

Oumy l'aidait à réviser ses leçons et il était toujours le premier de sa classe jusqu'à ce qu'il participait au camp d'excellence en 2007.

Peu de mots existent pour parler de leur amitié.

Les jours passaient jusqu'à ce que Tembely pique un malaise le trois (03) novembre 2008 et rendre l'âme à jeune âge.

Ce jour, le premier jour d'Oumy en classe de première, de retour à la maison était occupé à se rattraper par rapport à certaines leçons qu'il avait ratées pour faute de transfert de lycée à temps. Oumy, dans son habitude, rendais visite à son ami au courant de la journée et de la soirée.

Ce jour, Oumy avait décidé de rendre visite à son ami dans la soirée mais aux alentours de 19h, pendant qu'Oumy se préparait pour aller rendre visite à son ami, on est venu lui annoncer que Tembely n'était plus dans ce monde.

Quelle tristesse !!! Après avoir obtenu un ami si cher et le perdre si tôt.

Oumy ne s'en remettait pas du tout mais que faire, la mort est la destination finale de tout le monde.

Les jours passaient et Oumy venait de décrocher son baccalauréat avec mention Assez-bien en série sciences exactes en 2010. Une série réservée aux génies à l'époque.

Cette mention Assez-bien lui avait ouvert la voie des bourses d'études étrangères surtout pour les pays maghrébins.

Alors Oumy décide de postuler pour des bourses d'études maghrébines offertes chaque année aux détenteurs du bac malien.

L'homme suit son destin, Oumy sera une fois de plus blessé par la proclamation des résultats corrompus de ces bourses.

Oumy, qui faisait partie des cinq premiers sur la liste des retenus s'est vu non retenu par aucune bourse attribuée.

Oumy, avec toutes ces épreuves décide de ne pas baisser les bras car il croyait toujours en lui et était fort intérieurement.

C'est la raison pour laquelle, il décide de faire le concours d'entrée à l'IUG (Institut Universitaire de Gestion).

Un institut, qui, à l'époque était très sollicité par sa qualité.

Oumy toujours confiant et déterminé avait commencé les cours dans cet institut en Finance Comptabilité mais hélas tout cela s'est volatilisé par un coup de fil du ministère de l'enseignement supérieur, qui venait de lui proposer une bourse d'étude à Abu Dhabi qui s'est terminé par une nouvelle déception.

Oumy, après avoir abandonné l'IUG au profil de cette nouvelle bourse, le ministère s'est arrêté en chemin et n'a rien fait pour que Oumy et 09 autres personnes présélectionnées bénéficiaient cette opportunité.

Le ministère s'est trouvé une excuse en demandant à ces jeunes présélectionnés de fournir le certificat de TOEFL.

Où trouver ce certificat pour des jeunes lycéens dans un pays comme le Mali, dans lequel l'anglais dispensé ne dépassait pas plus de 03 heures par semaine ??

Nonobstant les propositions de ces jeunes perfectionnés y compris Oumy de demander au ministère de leur payer des cours d'anglais ou d'aller faire une année de langue dans le pays d'accueil, il est resté sans suite.

Oumy, ce jeune de toutes les épreuves difficiles est fait pour rester aux moments difficiles.

Il n'abandonne devant rien et décide de s'inscrire à la Faculté de Sciences Techniques pour aller faire la Math-Physique.

De là-bas, le jeune Oumy obtenait par le biais du ministère de l'enseignement supérieur l'annonce d'une bourse BAD-CEDEAO pour le 2iE au Burkina.

Il décidait alors de tenter sa chance malgré toutes les déceptions vécues.

C'est ainsi qu'il recevait un jour un mail de 2iE lui annonçant qu'il avait été retenu pour la bourse BAD-CEDEAO.

Parmi ces boursiers, il y'avait un jeune homme du nom de Bakkus, le jeune surnommé son jumeau.

Tout le calvaire vécu par Oumy après le Bac, il l'avait fait avec ce dernier.

Oumy et Bakkus ont vécu des moments extrêmement difficiles, du Bac à l'obtention de cette bourse.

Ces deux (02) jeunes, après la confirmation de leurs bourses, venaient de prendre leurs valises le 14 septembre 2011 pour le pays des hommes intègres.

A peine arrivé, environs une vingtaine de jours soit plus précisément le 06 octobre 2011, Oumy venait de perdre 02 petits frères le même jour,

Facile d'imaginer sa peine, Oumy avait été anéanti dans sa chair,

Il voulait abandonner l'institut et revenir au pays, mais il s'était que la seule manière de surmonter cette douleur était d'avancer mais reculer,

Il bossait dur juste pour oublier la mort de ces deux (02) petits frères aussi intelligents que lui,

Rien qu'en imaginant qu'il n'allait plus les revoir, cela lui mettait sous choc,

Oumy savait que la vie en général est faite de difficultés mais la sienne lui mettait hors de lui,

Il n'arrivait pas à comprendre sa vie avec autant de successions d'épreuves difficiles,

Il lui arrivait de tout abandonner parfois,

Il s'était toujours qu'il fallait se battre non pas pour lui mais pour sa maman,

Il se souciait de sa maman, il imaginait ce qui pouvait bien être sa peine,

Oumy avait compris qu'un homme ne se bat pour soi mais plus tôt pour les autres,

C'était ainsi que le jeune Oumy avait repris son courage et il s'était déterminé plus que jamais,

Cette aventure va façonner ces jeunes à devenir des hommes assez courageux.

C'était dans cet institut que Oumy avait appris à développer le sens de leadership et l'entreprenariat,

Oumy avait désormais focalisé son ambition sur l'entreprenariat,

Oumy, jeune bien éduqué, sincère et très intelligent qui, après ses études universitaires, a eu la chance de travailler très jeune.

Ce jeune Oumy ayant passé toutes ses études sans être intéressé par les filles venait de rencontrer la charmante fille qui va s'approprier de son cœur.

II. Qui est la charmante ???

Quant à la Charmante, une fille sociable qui, toujours victime de sa gentillesse, ne pensait pas rencontrer un homme aussi sincère comme Oumy.

Sa charmante a connu une enfance difficile comme lui car étant l'ainée de la famille et ayant perdu son papa à l'âge de 7ans quand elle faisait encore le primaire.

Elle, en tant qu'ainée de la famille devait se battre pour aider sa maman.

C'est ainsi, la charmante travaillait dur à l'école ainsi qu'à la maison, la seule manière pour elle de se sentir à l'aise.

Toujours victime de sa gentillesse, elle se préoccupait des autres plus qu'elle-même.

Elle avait du mal à avoir de l'amitié durable avec des filles pour cause de manque de sincérité.

Toujours désirée par les hommes mais elle n'arrive pas à s'entendre avec eux car trop exigeante dans son choix, elle voulait un homme à la fois sincère et confiant, chose qu'on trouve rarement.

Elle était obligée de rester dans la solitude pour éviter, des déceptions.

Une fille très battante, elle avait obtenu un stage en maintenance informatique et elle utilisait le peu d'argent qu'elle gagnait pour aider ses petites sœurs et son petit frère.

Pour eux, elle jouait déjà le rôle de maman car elle prenait bien soin d'eux.

La charmante va connaitre le jeune Oumy qui va lui montrer le bon côté de la vie lors d'une rencontre et cela va changer toute sa vie !!

III. Rencontre entre Oumy et sa charmante !!!

Ces deux jeunes ambitieux, à travers leur histoire, montrent que l'amour existe encore même si peu de gens l'en croient.

Tout est parti d'une rencontre, juste une seule rencontre où Oumy vu sa charmante pour la première fois en 2014 lors d'une rencontre d'une association dont il était le vice-président à l'époque, au cours de laquelle elle avait accompagné son amie surnommée le Sabre.

Ce jour Oumy avait pressenti un amour naturel entre eux, il avait vu en elle des grandes valeurs telles que : le respect, le savoir parler et un charme éclatant.

Juste un an après cette rencontre, ils se sont rencontrés pour la deuxième fois cette fois-ci au parc national à l'occasion de la 3éme sortie annuelle de ladite association.

Ce jour-là, Oumy avait observé les gestes de sa charmante et lui avait beaucoup apprécié mais il s'était dit qu'il fallait chercher à la connaitre davantage.

Les jours se succédaient jusqu'à ce qu'ils s'étaient revus pour la troisième fois un an plus tard au parc national le 03 octobre 2015 lors de la quatrième sortie annuelle de ladite association dont il était devenu le président.

Ce jour, ils n'avaient pas trop échangé mais le lendemain autrement dit le 04 octobre 2015 ils ont eu à échanger et ils s'étaient donné des contacts lors de la cérémonie de mariage d'une sœur d'un ami de Oumy du nom de AMD.

Une semaine plus tard soit le 11 octobre 2015, ils s'étaient rencontrés de nouveau à la cérémonie de mariage d'une sœur de Sabre, ce jour Oumy avait son temps à remarquer sa charmante.

Il avait remarqué sa façon de parler et d'analyser les choses. Il avait vu en en elle toutes les valeurs dont il attendait de sa future femme.

Jusque-là, il n'avait aucune intention particulière envers elle mais il voulait juste la connaitre davantage et devenir un ami cher à elle.

Les temps passaient et ne s'arrêtaient point, leurs échanges et causeries sur viber se sont amplifiés et il avait constaté qu'ils avaient beaucoup de points en commun.

Ils avaient des grandes valeurs en commun telles que : le respect, la compréhension et la confiance l'un envers l'autre. A partir de ce moment, il avait commencé à classer sa charmante parmi les personnes qui lui sont cher.

Le destin suit son chemin et c'est le point d'arrivé de tout quel que soit le chemin emprunté. Leurs rencontres et leurs échanges leur avaient permis d'emprunter le chemin de leur destin commun.

Difficile de laisser les habitudes en un jour, leurs échanges en ligne étaient devenus des habitudes jusqu'à ce qu'ils se sentaient gênés tous les deux s'ils ne faisaient pas.

Ces échanges étaient des moments de plaisir et de détente pour eux et ils se sentaient si gênés s'ils ne le faisaient pas.

Même pas un mois après avoir fait la connaissance de sa charmante, Oumy devait retourner en Guinée le 10 Novembre 2015 dans le cadre de service, il pensait que cela pouvait réduire leurs échanges car n'étant plus dans le même pays, mais hélas !!! C'était le contraire.

Il ne savait plus là où ils partaient exactement ? Il s'est posé et reposé à maintes reprises cette question car il ne pouvait pas imager d'être tombé amoureux en si peu de temps.

Ils n'avaient plus de limites dans leurs débats, tout était confus entre eux et tout était permis aussi

Leurs causeries étaient axées sur des sujets d'intimité autrement dit chercher à savoir qui est l'autre ? On est-il compatible ? Pouvons-nous nous comprendre ? Pouvons-nous nous supporter l'un et l'autre ? Serons-nous heureux ensemble ?

Tout cela, Juste en cinq jours après le retour de Oumy en Guinée.

Il se sentait bouleversé par leurs échanges et il se sentait déjà attiré par sa charmante mais il voulait être sûr de ses sentiments car il en doutait encore.

Il avait tort de chercher à comprendre le lien qui s'installait entre eux, il ne savait pas qu'il pouvait exister entre eux un lien si fort et si meilleur que le lien d'amitié, mais leurs échanges lui avaient rassuré de cela.

Au cours de leurs échanges en ligne, il avait constaté qu'ils étaient intéressés l'un à l'autre. Mais qui devait faire le premier pas ?

A cette question, comme à la malienne, Oumy s'était dit qu'il n'était pas digne d'une demoiselle aussi belle comme sa charmante de prendre le devant donc c'était à lui de le faire.

Pour cela, il devait se rassurer que leurs sentiments étaient réciproques donc il fallait conquérir son cœur totalement sans aucun vide pour éviter tout échec au départ.

Elle avait enlevé la peur de Oumy et elle lui avait facilité la tâche depuis qu'elle avait utilisé certaines expressions avec Oumy, mais ce n'était pas suffisant pour Oumy.

Le jour que Oumy avait demandé si sa charmante était prête à lui rendre visite en Guinée, sa repose était favorable à la question de Oumy

Oumy avait su à travers de cela qu'il était cher pour elle et qu'elle lui accordait déjà une valeur inestimable.

Oumy avait été étonné car il ne pensait pas qu'elle lui accordait autant de valeurs.

Cela avait donné à Oumy de l'élan de s'engager mais il devait se rassurer que leurs sentiments étaient réciproques.

IV. Vingt-quatrième anniversaire d'Oumy, l'élément déclencheur de toute l'histoire

Le destin s'impose, leurs échanges se multipliaient sans quoi, c'était de la gêne.

Le jour du vingt-quatrième anniversaire de Oumy fêté le 18 Novembre 2015, elle avait rassuré Oumy à travers ses geste qu'elle l'aimait.

Oui ! Ses actes avaient à dit Oumy ce qu'elle ressentait pour lui,

Elle avait été la seule personne à penser mieux à Oumy ce jour si important de sa vie.

Tant de cadeaux et de propositions si Oumy était au pays,

Oumy s'était posé les questions suivantes : Pourquoi tout ça pour lui? Est-ce mérite-t-il tout ça ?

Il n'avait pas pu répondre à ces questions et il les avait aussi vite posées à sa charmante,

Sa charmante était sans voix et elle avait dit juste à Oumy qu'il le méritait plus que le monde et pas plus.

Aussitôt, Oumy s'était aperçu de ce qu'elle ressentait et il n'avait pas de raison de chercher à comprendre le lien incompréhensible qui s'est installé entre eux.

Le lendemain de l'anniversaire de Oumy, il s'était dit qu'il n'avait plus le choix de faire ce qu'il devait faire car toutes les voies étaient ouvertes pour qu'ils aient été ensemble.

Oumy avait aussi vite convoqué une audience avec Sabre, meilleure amie de sa charmante pour avoir ses conseils.

Hélas, il ne devait pas y penser car pour elle, sa charmante est même une sœur et non une amie.

Elle s'était mise à parler à Oumy de la gentillesse et des comportements de la charmante qui étaient les raisons pour lesquelles elle continuait à la côtoyer et Oumy était resté sans voix.

A partir de cet instant, la confiance d'Oumy était totale, il était rassuré entièrement et il n'avait plus peur d'agir.

Avant la fin de son audience avec Sabre, Oumy avait déjà appelé sa charmante pour qu'elle se connectait, juste pour qu'il lui disait ce qu'il ressentait pour elle depuis là.

V. Déclaration d'amour de Oumy à sa charmante

Il était vraiment le moment pour Oumy d'agir et il avait fait ce qui lui restait à faire, il s'agissait de dire le contenu de son cœur à sa charmante.

Quand elle s'était connectée ce jour, Oumy avait posé des questions à sa charmante auxquelles elle avait répondues avec un peu timidité quand même :

Oumy : Ma charmante, me fais-tu confiance ??

Charmante : Oui Oumy je te fais confiance entièrement,

Oumy : Et si je te dis que 1+1=infini ??

Charmante : si ça vient de toi, je dirai oui et je n'ai pas besoin de réfléchir

C'est en ce moment que Oumy avait dit à sa charmante qu'il était amoureux de d'elle,

Qu'il devait lui dire pour être libre parce que c'était devenu un lourd fardeau qu'il supportait dans son cœur.

Cette phrase avait beaucoup surpris sa charmante même si elle y s'attendait déjà à cela mais Oumy ne pouvait plus continuer à être son ami à cause de ce qu'il ressentait pour elle.

Elle avait pris du temps avant de lui répondre et sa réponse avait été tellement ambiguë mais qui en disait long :

« Laissons le temps faire son travail car je veux pas te perdre à coup sec »

Oumy avait été ravi de sa réponse bien qu'elle avait été floue car Oumy avait dû comprendre dans sa réponse qu'elle était partante même s'il y'avait d'autres interprétations valables.

Oumy avait compris aussi dans sa réponse qu'elle voulait être toujours rassurée.

C'est à partir de moment que Oumy avait commencé à l'appeler « ma charmante, ma belle, ma bien-aimée, ma maman chérie et tant d'autres » mais elle, elle était toujours réticente car tu continuais à appeler Oumy par le même nom « Oumy », un surnom qu'elle lui avait donné depuis le début de leur amitié.

Oumy savait qu'elle avait besoin du temps pour se rassurer de ses sentiments bien que confirmés à travers ses actes,

C'était ainsi que Oumy avait commencé à utiliser son arme puissante qui est son écrit,

Oumy, en étant très doué à toucher les cœurs par la puissance de ses mots, avait décidé de prendre sa plume pour elle,

Oumy, connaissant la force de mots, avait décidé de rassurer sa charmante par ses écrits,

Que faire ?? Oumy s'asseyait seul et choisissait ses mots en pensant à sa charmante,

Ainsi, il décidait un jour de tester la puissance de son premier écrit afin de s'orienter davantage.

VI. Premier poème de Oumy à sa charmante : Pour toi !!

Oumy se souviens toujours du premier poème qu'il avait fait pour sa charmante juste trois jours après sa déclaration d'amour.

Il ne peut pas l'oublier car c'est avec ça qu'il avait pu conquérir le cœur de sa charmante bien vrai qu'elle avait un peur de s'engager. J'ai réussi avec mon écrit de te rassurer et de t'amener à te faire confiance.

Voilà le dit poème :

*« **Pour toi ma charmante !!!***

Quoi de plus bon que d'être avec la personne de ton cœur ?

Celle qui te fait confiance.

Celle qui a du temps pour toi.

Celle qui cherche à te procurer de la joie.

Celle qui pense à tes moments importants.

Celle qui pense à toi chaque instant.

Celle qui est prête à parcourir des kilomètres pour toi.

Celle qui veut échanger avec toi tous les jours.

Celle qui t'écoute et cherche à te comprendre.

Celle qui a peur de te vexer par ses propos.

Celle qui t'aime pour ce que tu es et non pour ce que tu as.

Celle qui privilégie ton échange plus que le sommeil.

Celle qui a reçu une éducation exemplaire.

Celle qui a, à la fois, des beautés interne et externe fantastiques.

Celle qui t'aime malgré la distance.

Celle qui se soucie de toi.

Celle s'informe de ta journée de tous les jours.

Celle qui veut être à tes cotés.

Quoi d'autres ma bien-aimée ???

Pour toi ma charmante !!!

Je voudrais que notre relation ait comme fondements, les valeurs suivantes : la communication, la confiance réciproque et le respect mutuel.

Cela, car sans ces 3 valeurs, nous n'avons rien.

Aussi que nos ennemis purs soient : le mensonge, la trahison et les on-dit.

Cela, car ces 3 choses n'ont pas leurs places dans une relation durable.

Pour toi Maman chérie !!!

Mes souhaits pour toi sont nombreux mais voilà quelques-uns :

- *Multiplier tes joies du jour le jour*
- *Te rendre heureuse*
- *Etre là pour toi à tout moment*
- *T'encourager à persévérer dans la vie*
- *T'aider dans tes entreprises*
- *Essuyer tes larmes quand elles coulent*
- *Te redonner l'espoir quand tu n'en a plus*
- *Te réconforter quand tu es triste*
- *Te faire oublier tes moments de tristesse*
- *Soigner tes blessures du cœur du passé*
- *Etre là pour toi, rien que pour toi*

Ma charmante !!!

Désormais tu as la clef de mon cœur, tu es son unique propriétaire.

Je te le vends au prix de reconnaissance.

S'il te plait ma charmante, mon cœur coute très cher !!!

Alors prend-le bien soin car c'est la partie la plus chère du corps.

***Ton OUMI te remercie** :*

Merci pour tout.

Merci de m'avoir fait confiance.

Merci d'être entrée dans ma vie où moment du besoin.

Merci pour tes efforts à mon égard.

Les mots me manquent.

*Juste merci **Maman Chérie** !!! »*

C'est après la lecture de ce poème que sa charmante avait été rassurée et elle s'était faite confiance davantage et elle s'est engagée en âme et corps pour leur relation.

Comme si de rien n'était ou comme si cela ne suffisait pas à Oumy, il avait décidé de plus lâcher sa plume,

Comme il était dans son attitude d'obtenir ce qu'il cherchait, Oumy avait décidé d'amener la confiance sa charmante au même point que lui.

Ainsi, le deuxième écrit de Oumy n'avait pas tardé :

VII. Deuxième poème de Oumy à sa charmante : la distance !!

La distance n'est rien pour deux cœurs qui s'aiment.

Conscient que sa charmante aimait lire et qu'elle se sentait soulagée avec ses écrits, pourquoi ne pas lui écrire chaque fois ?

C'est ainsi qu'il avait décidé de lui écrire ceci quelques jours seulement :

« *Tu me manques ma Charmante !!!*

Chaque instant sans toi me donne trop de nostalgie !!!Souvent, j'ai l'impression qu'une seconde sans toi vaut des heures de temps,

Chaque fois qu'on se quitte, tu me manques davantage,

Chaque fois que je suis seul, je ne fais que penser à toi et ta nostalgie me met à écrire,

Chaque fois que tu prends du temps avant te connecter, je ne reste pas tranquille car je veux avoir tes nouvelles chaque instant pour me rassurer que tu n'as rien,

Chaque fois que je me connecte, je m'attends un message de ta part et si je n'en reçois rien, je deviens soucieux,

Chaque fois que tu m'écris, même si je suis triste, je deviens content,

Chaque fois que j'entends ta voix si douce, cela me soigne davantage,

Chaque fois que je parle avec toi, je passe un excellent moment,

Chaque fois que tu m'envoies des photos, je te vois à mes côtés,

Je voudrais échanger chaque instant avec toi ma charmante,

Je voudrais que tu m'envoies des photos chaque fois que tu peux, car tes photos diminuent ta nostalgie que j'éprouve chaque instant,

C'est toi qui es ma raison de me connecter car ton échange me fait du bien,

Je me demande chérie : sans toi, à quoi sert le viber pour moi ? À quoi sert le Messenger pour moi ? Je n'en parle pas pour watsap et autres.

Sans toi, toutes ces applications n'ont pas de sens pour moi

Mais toutes ces applications ne font que de réduire juste un peu ta nostalgie mais elles ne pourront jamais remplacer ta présence

Elles ne peuvent pas remplacer la douceur de tes mains et ton regard si beau

Elles ne pourront jamais remplacer ta présence !!!

Malgré toutes ces applications, Tu me manques Bébé et tu continues à me manquer !!!

Tu me manques ma charmante !! »

Quelle femme peut résister à tant de mots sincères venant du fond de cœur ??

Comme si cela ne me suffisait pas, j'ai décidé de toucher encore plus son cœur en faisant un autre écrit qui traduisait à quel point je pensais à elle.

Le voilà :

« Je pense! Je pense ! Je pense à ma charmante!!!

Je pense à toi chaque instant ma charmante !!!

Je pense à toi car tu es précieuse pour moi !

Je pense à toi car tu mérites ma pensée !

Je pense à toi car ça me fait du bien !

Je pense à toi car ça me permet d'oublier mes problèmes !

Je pense à toi car ça me permet de franchir les obstacles !

Je pense à toi car ça me permet d'aller au bout de mes ambitions!

Je pense à toi car c'est la solution à tout problème!

Je pense à toi le matin quand je prends le petit déjeuner!

Je pense à toi à midi quand je prends le déjeuner!

Je pense à toi le soir quand je prends le diner!

Je pense à toi quand je suis au travail!

Je pense à toi quand je suis en pause!

Je pense à toi car tu le fais autant!

Je pense à toi nuit et jour ma charmante !!

Toi qui me donnes le courage chaque jour

Toi qui te soucies de moi

Toi qui penses à moi chaque instant

Toi qui penses à moi, même au cours de tes déplacements

Toi qui me fais croire à l'existence de l'amour

Toi qui me porte dans ton cœur

Toi qui me procures la joie

Toi qui es prête à tout pour moi

Ma bien-aimée ! ! !

Si penser à toi est un vol alors je suis voleur!

Si penser à toi est un crime alors je suis criminel!

Si c'est un défaut, je n'ai plus de qualités

Ma charmante ! !

Certes, tu peux trouver quelqu'un qui est plus beau et plus riche voire plus intelligent que moi!

Mais jamais au grand jamais, tu ne trouveras quelqu'un qui pense à toi, qui t'aime, qui te respecte, qui te considère et qui te fait confiance plus que moi!

Oui moi, ton Oumy! Je le dis avec fierté!!! «

Autant de mots d'amours qui me venaient à l'esprit quand il s'agissait de ma charmante.

Oumy ne saurais remis le 31 décembre 2015 aux oubliettes car c'était toute leur première fête depuis qu'ils étaient ensemble.

Malgré la distance, ils avaient passé la dernière fête de l'an 2015 comme s'ils étaient à coté l'un de l'autre, comme s'ils se voyaient Oumy et sa charmante.

Oui ils se voyaient Oumy et sa charmante, pas à l'œil nu mais ils se voyaient car ils étaient dans leurs cœurs l'un et l'autre.

Oumy sentait la présence de sa charmante car elle était devenue une partie de lui.

Cette fête fut meilleure pour Oumy grâce à la présence de sa charmante durant toute la soirée à causer avec lui et lui offrir des cadeaux malgré la distance.

Oumy était devenu très attaché à sa charmante et il avait déjà très peur de la perdre,

Oumy déjà rassuré de son amour, était la logique de préparer son avenir avec sa charmante,

Oumy qui avait horreur de laisser trainer ses décisions et actions, avait pourtant décidé d'attendre son retour au pays avant de parler mariage à ses parents, une décision qu'il jugeait sage.

Leur amour se multipliait du jour le jour et les jeunes amoureux passaient toute la journée à s'écrire et s'appeler.

Oumy ne souriait devant son téléphone qu'il voyait le nom de sa charmante et de manière réciproque,

L'amour qui unissait les deux jeunes augmentait de façon exponentielle et Oumy ne voulait pas perdre sa charmante,

Il avait donc changé de décision, de ramener les choses en avant,

Il voulait donc faire les fiançailles sans pour pourtant attendre de fréquenter sa charmante en présentiel,

Oumy même ne comprenait pas ce virage brusque de décision.

VIII. Prise de décision de fiançailles par Oumy

Les promesses qu'ils s'étaient faites Oumy et ma charmante, avaient commencé à voir le jour par la prise de décision de fiançailles le 29 janvier 2016 par Oumy.

Ce jour, quand il s'était réveillé, on dirait que quelqu'un lui avait dit de prendre la décision d'informer ses parents qu'il va se marier.

Aussitôt, il avait pensé à ce proverbe qu'il aimait tant :

« Les opportunités sont faites pour être saisies »

C'est ce proverbe qui lui avait motivé davantage pour appeler sa maman pour lui dire qu'il aurait souhaité qu'elle voyait sa charmante le weekend prochain.

Ensuite il avait appelé sa charmante pour l'informer et elle avait été étonnée de voir Oumy changer si vite d'avis,

Alors que Oumy lui disait toujours qu'il voulait rentrer au pays avant de parler de fiançailles avec ses parents mais hélas la donne avait changé.

C'était ainsi que Oumy avait coordonné à distance avec son ami AMD qui était au pays en ce moment, la première visite de sa charmante à sa famille le 06 février 2016 ;

C'était pour une prise de contact avec sa famille et cette rencontre avec les parents de Oumy s'était suspendue avec surtout de l'appréciation des parents et frères de Oumy.

Une semaine plus tard c'est-à-dire le 14 février, jour de saint valentin, le papa de Oumy s'était rendu chez sa charmante pour la première fois afin de connaitre ses parents.

L'objet de sa visite était de rencontrer la famille de la charmante et demander la main de cette dernière pour son fils.

La visite du papa de Oumy s'était très bien suspendue avec les parents de sa charmante et les parents n'étaient plus un problème pour leur union.

Submergé par cette bonne nouvelle, Oumy avait décidé de faire parler son cœur à sa charmante pour une nouvelle fois :

« La distance peut éloigner deux corps mais jamais cœurs qui s'aiment !!

Quand on est seul sans la personne qu'on aime :

- *Tout notre esprit est dominé par cette personne,*
- *On devient nostalgique et on ne cesse de regarder ses photos,*
- *On ne cesse d'imaginer les tas de choses qu'on veut faire avec la personne qu'on aime,*
- *On ne cesse de penser à cette personne,*
- *On imagine sa façon de parler,*
- *On imagine son beau regard,*
- *On imagine sa façon de s'habiller,*
- *On imagine sa façon de sourire,*
- *On imagine sa façon de marcher,*
- *On imagine le goût de l'odeur de son parfum,*
- *On imagine la douceur de ses mains,*
- *On imagine sa présence à tout moment,*
- *On veut lire ses écrits pour se sentir à l'aise,*
- *A tout moment, on voit cette personne auprès de nous par ses propos,*
- *On se sent gêner mais en réalité on ne doit pas se sentir gêné car cette personne aussi pense à nous,*
- *On veut recevoir ses messages à tout moment,*
- *On veut recevoir ses appels à tout moment,*
- *On veut entendre sa voix à tout moment,*
- *On veut se voir auprès de lui et lui faire un beau sourire,*
- *On veut se voir auprès de lui autour d'une même table pour diner,*
- *On veut se voir auprès de lui pour lui dire « je t'aime bb »*
- *On veut se voir auprès de lui pour lui prendre dans les bras,*

Certes, la distance nous prive de beaucoup de choses mais pour deux (2) fidèles qui s'aiment, la distance ne fait qu'éloigner leurs corps et renforcer leur amour !!!

Je t'aime encore plus fort ma charmante!!! »

Chaque fois qu'il écrivait pour elle, elle se sentait de plus en plus rassurée et ça illuminait leur flamme d'amour.

Ainsi, tout est parti pour l'officialisation de leur union Oumy et sa charmante. Les démarches avaient débuté ainsi et elles avaient duré pendant deux mois environs avant la famille de la charmante ne donnait leur feu vert pour l'envoi de la dot,

Tant d'impatience des deux jeunes amoureux pendant ce temps, car ils étaient pressés de se voir déjà fiancés.

C'était ainsi que la famille de Oumy avait reçu le feu vert d'envoyer la dot le 7 Avril 2016 et les fiançailles avaient eu lieu le 14 Avril 2016.

IX. Séjour spécial d'Oumy après les fiançailles

Après la célébration des fiançailles de Oumy et sa charmante le 14 Avril 2016 alors que Oumy était encore hors du pays, il avait finalement décidé de rentrer au pays le 29 Avril 2016 pour un congé d'une semaine afin de passer un séjour spécial avec sa charmante.

Une semaine pas comme les autres. Une semaine d'amours, de tendresses et surtout marquée par plein de joies.

Cette semaine d'amour avait débuté le 30 Avril par une visite de courtoisie que Oumy et son ami AMD avaient rendu à la famille de la charmante.

Cette visite était l'occasion pour Oumy de convaincre la famille de sa charmante qu'elle ne s'était pas trompée d'avoir donné son accord pour l'union de ce jeune couple.

Et Oumy, par son éloquence avérée avait réussi le pari, car étant un jeune intelligent et passionné de savoirs avait montré ses talents aux parents de sa charmante par sa maitrise parfaite de plusieurs sujets évoqués par les parents de sa charmante notamment politique, social et tant d'autres.

Aussitôt fini de convaincre les parents dans la journée, Oumy avait planifié un diner spécial avec sa charmante dans la soirée,

Un diner au cours duquel, il devait aussi être romantique comme il l'était en ligne,

Oumy n'avait rien négligé pour paraitre aux yeux de sa charmante plus romantique qu'en virtuel,

De l'habillement au parfum, tout était à la hauteur pour Oumy

Quant à sa charmante, elle devait faire la même chose,

Elle devait se montrer à la hauteur pour montrer à Oumy qu'il ne s'était pas de choix,

Oumy, par élégance, avait demandé à sa charmante de choisir le restaurant dans lequel ils s'allaient diner,

La soirée de cette journée était si romantique que les jeunes amoureux ne voulaient pas le temps file.

Une soirée dans un restaurant chic de la ville donnant belle vue sur une route très fréquentée.

Tout s'était passé dans un environnement de tendresses et de joies. Le sourire de sa charmante ou son habillement ou bien l'odeur de son parfum, Oumy ne saurait dire ce lui avait marqué le plus.

A la fin de cette soirée, les deux jeunes avaient su à quel point ils étaient compatibles,

L'amour qu'ils ressentaient l'un pour l'autre n'était rien comparé à celui en présentiel,

Cela n'était pas surprenant car ils avaient bâti leur relation sur la sincérité,

Le deuxième jour du séjour de Oumy soit le 01 mai 2016 était consacré à la visite de courtoisie chez Oumy, mais les jeunes amoureux en avaient profité rendre une visite en guise de reconnaissance au Sabre de Oumy.

Arrivés dans la famille de Oumy, les jeunes amoureux avaient profité de leur journée en causant de tout et de rien devant la télé.

Oumy et sa charmante avaient pleinement profité de leur séjour en se baladant partout de zoo au parc sans oublier le passage à la bonne dibiterie.

Ce séjour avait été une belle occasion pour eux d'estimer à quel point ils s'aimaient et quel point leur union avait de l'avenir.

Toute une semaine allant du 30 avril au 06 mai 2016, de love, de tendresses, de joies et belles choses surtout.

Cette semaine avait largement consolidé davantage leur union et leur avait permis de savoir à quel point ils étaient compatibles.

Le jeune battant Oumy venait de reprendre la route de Guinée le 07 mai 2016 pour ne revenir qu'en juillet 2016.

Malgré la distance, notre amour augmentait de façon exponentielle.

X. *Premier anniversaire de la charmante d'Oumy après les fiançailles*

Les jours passaient, Oumy et sa charmante étaient désormais fiancés,

De juillet en septembre 2016, rien que d'amour entre Oumy et sa charmante,

En septembre, le mois d'anniversaire de sa charmante, il devait faire parler son cœur,

Ainsi, pour impressionner davantage sa charmante, Oumy n'avait pas laissé sa plume et il avait une fois de plus décidé de faire parler son cœur le jour de l'anniversaire de sa charmante le 29 septembre 2016,

Son écrit avait touché beaucoup de gens à cause de ce qu'ils ressentaient en le lisant.

Le voilà le contenu de son cœur dévoilé ce jour :

« « Enfin !! Le plus beau jour de l'année pour moi est arrivé !! Joyeux anniversaire la reine du 29 Septembre »

Chacun a son jour important, aujourd'hui est le mien car il 'agit de
l'anniversaire de la seule femme qui m'a fait découvrir le vrai amour
En ce jour si spécial et exceptionnel mon bb marquant ton tout premier
anniversaire depuis qu'on est fiancés, une preuve d'amour écrite est nécessaire,
Voici ce qui est dans mon cœur en ce moment :
Ma charmante adorée
J'ai regardé de l'est à l'ouest, du nord au sud je n'ai vu aucune femme qui fait
battre mon cœur comme toi mon bb,

Tu es la seule femme choisie par mon cœur ma charmante c'est ainsi que je t'ai
choisi pour la vie,

Tu es la plus belle réussite que j'ai réalisé ma bien-aimée,
Quelle belle créature dont tu es mon bb!!
Mon amour est croissant envers toi mon bb,
Chaque instant de ma vie, je t'aime de plus mon bb,
Tu me rends très heureux et très fier de moi mon bb,

Ma dulcinée
Aucune femme ne peut t'égaler à mes yeux,

Celle qui t'égale en beauté extérieure, tu la dépasses en beauté du cœur,
Celle qui t'égale en beauté du cœur, tu la dépasses en fidélité,
Celle qui t'égale en fidélité, tu crées des différences en respect,
Celle qui te vaut en respect, tu la laisses en courage,
Celle qui t'avoisine en courage, tu l'enseignes en gentillesse,
Celle qui t'égale en gentillesse, tu la dépasses en confiance
Qui peut t'égaler ma Charmante unique??
Y'en a pas mon bb
T'es unique sur la terre
Ce sont les autres femmes qui t'envient mon bb sinon pas le contraire!!
Je t'aime sans limite mon bb
Joyeux anniversaire la reine du 29 Septembre !!!

Cet écrit a sans doute laissé de marque sur le cœur de sa charmante.

Jeune couple très organisé, Oumy et sa charmante avaient déjà commencé à planifier le mariage car ils s'aimaient au point qu'ils n'admettaient plus de vivre éloignés.

XI. Mariage du jeune couple

C'est ainsi que Oumy avait conquis le cœur de sa charmante jusqu'au où jour ils avaient décidé d'officialiser leur union.

A trois (03) de la date fixée, Oumy etait parti en mission dans le cadre de services.

A la veille de son mariage religieux soit le 20 septembre 2017 qu'il avait repris la route pour Bamako.

Arrivé à Bamako très fatigué, il n'avait droit qu'à 72 heures de repos avant la journée la plus chargée de sa vie.

Une journée qui sera gravée dans leurs mémoires Oumy et sa charmante pour l'éternité.

Une journée au cours de laquelle tout le monde voulait s'afficher avec eux en photo.

Une journée au cours de laquelle ils étaient devant les caméras et téléphones de leurs parents, de leurs amis et autres.

Une journée si exceptionnelle marquée par la présence des gens qu'ils voyaient rarement dans leur vie.

Oumy se rappelait encore comme si c'était hier, les détails des évènements de cette journée,

De son réveil à 5h sachant que sa charmante était déjà au salon à cette heure avec ses amis,

Oumy savait que c'était la journée la plus chargée qu'ils n'avaient connu jusque-là.

Fini de se rendre beau dans un boubou, il se croyait d'avoir rendez –vous avec le président de la République.

Oui bien sûr qu'il s'agissait d'un rendez –vous plus important qu'avec celui du président car il s'agissait d'un rendez-vous avec toutes ces personnes qui leur sont cher, notamment cette charmante qui était sur le point de devenir sa femme dans quelques heures.

A 6h, il avait déjà pris la route avec un groupe restreint d'amis pour le salon en attendant que les autres arrivent leur trouver.

Arrivé au salon, il avait vu une femme pas comme les autres, une femme que il n'avait pas vue auparavant,

Il s'était interrogé si c'était bien sa charmante tellement que sa beauté avait été quadruplée voire plus, il s'était ralenti un peu afin de se rassuré.

Il s'agissait bien de sa charmante et non une autre femme,

Sans plus tarder il s'était dirigé vers cette belle créature et il lui avait prise dans ses bras et les deux se sont faits le plus beau sourire du monde.

Oumy se demandait si ce n'était pas un rêve tout ça, il se demandait comment avaient-ils fait pour en arriver là ?

La seule réponse possible qu'il avait trouvée, c'était l'amour. Bien sûr que l'amour existe encore et c'est d'ailleurs la fondation la plus résistante de toute initiative durable,

Quelle chose qui avait commencé par de simple causerie en ligne, était arrivée à réunir les 02 familles et cela a été possible grâce à l'amour.

Rien que de belles photos prises au salon avec des gens qu'ils aiment tant.

Après, direction route de la route pour prise de photos dans les endroits magnifiques avant de partir chez sa charmante comme il est de coutume au Mali.

Arrivé chez sa charmante avec des amis partout, rien qu'en pensant que tous ces gens étaient réunis pour eux, cela faisait penser Oumy au poids de l'engagement.

Cela lui disait à combien vaut l'engagement, la parole donnée ??

Il s'était rendu compte ce jour de ce que vaut la parole donnée,

En voyant la foule derrière eux pour la mairie, Oumy était animé par deux types de sentiments :

- Primo, un sentiment de joie car rien qu'en voyant tous ces gens qui leur sont cher, qui, malgré leurs activités se sont quand déplacés pour eux et venir leur témoigner leur amour, cela lui touchait énormément,

- Secundo, il mesurait le poids de l'engagement autrement dit de la lourde responsabilité qu'il venait de prendre, laquelle il devait assurer sans faille,

Les images devant Monsieur le Maire lui reviennent incessamment, toutes les questions qui lui avaient été posées par le Maire à savoir s'il aimait sa charmante et s'il voulait la prendre comme épouse.

La réponse à ces questions n'a pas été difficile car il s'agissait de venir répéter devant le Maire ce qu'il avait l'habitude de lui dire chaque jour,

De la marie à la salutation chez sa charmante, de là-bas à chez lui, au cours du trajet, il avait vu des gens qu'il croyait plus revoir,

Rien qu'en pensant à cela, il était submergé de joie.

En descendant du véhicule arrivé chez lui, il voyait les enfants du quartier autour de lui qui criaient avec son nom,

Rien que de beaux souvenirs de cette journée pour Oumy et ma charmante !!!

Oumy ne saurait ne pas penser chaque fois au déjeuner organisé à l'honneur de leur union.

Ce jour, sa charmante lui avait fait danser pour la première fois en public même si son pas de danse n'était pas à la hauteur de celui de sa charmante.

Le satisfecit de Oumy aurait été que cette journée ne se terminait pas tellement qu'elle était animée de joies et d'amours,

Cette journée unique restera dans leurs pensées à jamais.

XII. La vie de couple

La vie de couple est faite des bas et des hauts, car les jours se ressemblent mais pas pareils.

Oumy sachant que certaines personnes entrent dans notre vie en tant bénédictions, avait vu sa charmante comme sa plus belle réussite jamais réalisée,

Avoir sa charmante comme épouse lui avait permis de franchir beaucoup d'obstacles sans le savoir.

Oumy qui voyageait beaucoup, ne cessait cependant de montrer son amour à sa charmante pour que leur amour soit toujours au top.

Malgré la distance parfois, Oumy et sa charmante arrivent d'instaurer une parfaite entente au sein de leur foyer.

Aujourd'hui, ce jeune couple vit avec leurs deux adorables enfants qui illuminent leur foyer,

En conséquence, à travers cette histoire on peut aisément se rendre compte de la place de la sincérité dans un couple,

Aujourd'hui la plus part de couples africains en général et maliens en particulier souffrent de manque de sincérité faisant ainsi que certains hommes et femmes ont peur de s'engager pour une aventure de mariage.

Une relation durable ne peut pas être bâtie sur des mensonges et surtout il faut de la communication,
Sans oublier de l'importance que les conjoints accordent l'un à l'autre,

Vivre ensemble, de faire en sorte que l'autre se surpasse.

Amener l'autre à faire ce qu'il croyait impossible.

C'est merveille l'amour !!!

L'histoire continue……………………………………………………………

XIII. Le recueil des poèmes d'Oumy

A. Poème 1 : A l' occasion du mariage !!

Oui je t'ai choisi ma charmante !!

Certes, certaines personnes entrent dans notre vie en tant que bénédictions et d'autres le contraire, ma charmante tu es entrée dans ma vie en tant qu'une bénédiction.

Il arrive des fois qu'on perde tout l'espoir de trouver la personne qui nous convient, parce qu'on a connu trop de déceptions.

Il arrive des fois qu'on se sente seul, parce qu'on n'est pas encore tombé sur la personne qui connait nos valeurs.

En ce moment, on souffre au fond du cœur et on se trouve dans la solitude.

Tout cela n'est qu'une question de temps car il existe bien toujours :

Une personne avec qui on se sent mieux et on se comprend bien,

Une personne qui connait nos valeurs et cherche à nous rendre heureux,

Une personne qui éclaire notre vie au moment où on se trouve dans les ténèbres,

Une personne qui fait de nous ce dont on est incapable d'être seul,

Une personne qui nous rend fier de nous-même,

Une personne qui nous aime et qui n'a pas peur de montrer aux autres ce qu'elle ressent pour nous,

Une personne qui nous rend la vie si belle et si facile.

Oui j'ai enfin trouvé cette personne de ma vie, je le dis sans risque de me tromper, c'est bel et bien ma charmante!!

Ma charmante, je t'ai choisi car je connais tes valeurs alors ne te sent pas vexer par les critiques des gens car ils ne te connaissent pas, ils ne connaissent pas les valeurs cardinales régnant en toi qui sont le respect, l'enthousiasme, la compréhension, la bravoure, le savoir-vivre et j'en passe !!

Je t'ai choisi car tu es une demoiselle exceptionnelle qui éclaire ma vie avec plein de joie,

Tu me rends si fier de moi-même car tu es une force pour moi d'aller là où je n'y arriverai pas seul,

Tu me donnes le courage de persévérer dans la vie et tu me rends possible l'impossible,

Oui je t'ai choisi ma charmante !!

Je l'ai fait sans me demander pourquoi ?

Parce que, ce que je ressens pour toi est si fort que je ne peux l'expliquer à travers les mots,

Ma charmante, souvent les mots ne peuvent pas exprimer bien le contenu du cœur, seuls les actes peuvent en dire plus.

Ce que je ressens pour toi, les mots me manquent pour l'exprimer,

Alors je te résume en te disant que je t'aime et je t'aimerai pour toujours !!!!!!!!!!!

B. <u>Poème 2</u> : *Qui ne veut pas t'avoir ma charmante ??*

Pour toi ma charmante !!

Qui ne veut pas t'avoir dans sa vie ?

- *Ceux qui t'ont eu comme enfant n'ont rien à demander de plus à Dieu car tu as su aimer et respecter tes parents en ayant toujours une pensée chère à eux,*

Alors Papa et maman, soyez fiers de votre fille si exceptionnelle.

- *Celui ou celle qui t'a eu comme sœur, n'a pas à se plaindre car tu incarnes l'entente, le climat convivial, la pitié et l'entre-aide qui sont les fondements de toute bonne fraternité.*

Alors tes sœurs et frère peuvent lever leurs têtes car tout le monde n'a pas eu cette chance d'avoir une grande sœur si battante comme la leur.

- *Celui ou celle qui t'a eu comme amie, doit se réjouir car tu incarnes la confiance et le respect constituant la base d'une véritable amitié.*

Alors tes amis doivent être fiers de t'avoir comme meilleure amie.

- *La famille qui t'accueillera en son sein, sera fière de toi car tu incarnes l'unité, l'entente, la paix et le respect qui sont les piliers de l'émergence d'une famille.*

Alors la famille d'Oumy t'attend en son sein avec l'impatience.

- *Celui qui t'aura comme épouse, ne doit avoir peur de rien car tu incarnes toutes les valeurs d'une femme extraordinaire.*

Alors Ton Oumy est pressé de te voir chez lui.

T'as peur de quoi ma charmante ???

- *T'as déjà quelqu'un dans ta vie qui pense à toi chaque instant et chaque jour,*
- *Un homme si décisionnaire et ambitieux,*
- *Un homme si respectueux et responsable,*
- *Un homme si généreux et compréhensif,*
- *Un homme qui t'aime dans le bonheur et ainsi que son contraire,*
- *Un homme qui sera toujours présent dans ta vie quelques soient les circonstances,*
- *Un homme qui te fait une large confiance,*

- *Un homme qui te porte une large considération,*
- *Un homme de parole qui attend la mort sur ses dits,*
- *Un homme de valeurs,*
- *Un homme si attentionné,*
- *Un homme digne de confiance,*

Alors ma marchante, n'aies peur de rien car Ton Oumy t'aime avec tout son cœur.

C. <u>Poème 3</u> : Celle qui m'a permis de connaitre le sens du mot « Aimer »

Aimer ???????????????

Aimer une personne, c'est de savoir qu'elle n'est pas parfaite,

Aimer une personne, c'est de lui faire confiance,

Aimer une personne, c'est d'être avec lui après avoir connu ses défauts et ses imperfections,

Aimer une personne, c'est de lui porter dans ton cœur,

Aimer une personne, c'est de faire attention pour ne pas lui blesser par des actes ou des propos choquants,

Aimer une personne, c'est de se soucier ne pas lui perdre,

Aimer une personne, c'est de connaitre ses goûts et dégoûts,

Aimer une personne, c'est de lui porter une large considération,

Aimer une personne, c'est d'avoir du temps pour elle,

Aimer une personne, c'est de connaitre ses nobles aspirations,

Aimer une personne, c'est d'être prêt à faire tout pour elle,

Aimer une personne, c'est de connaitre le sens de chacun de ses mots et chacune de ses ambitions,

Aimer une personne, c'est de connaitre le sens de chacun de ses actes,

Aimer une personne, c'est de lui faire un sourire même si on est triste,

Aimer une personne, c'est de ne jamais la laisser pour qui que ce soit,

Aimer une personne, c'est de voir sa peine derrière son sourire,

Aimer une personne, c'est de connaitre la raison de son silence,

Aimer une personne, c'est de penser à lui chaque instant,

Aimer une personne, c'est de l'aimer malgré les critiques et les on-dit,

Aimer une personne, c'est de ne jamais cesser de lui dire « je t'aime »,

Je t'aime ma charmante !!!!!!!!!!!

OUMY & CHARMANTE

D. *Poème 4* : ***Oui je t'ai choisi ma charmante!!***

Oui je t'ai choisi ma charmante!!

Certes, certaines personnes entrent dans notre vie en tant que bénédictions et d'autres le contraire, ma charmante tu es entrée dans ma vie en tant qu'une bénédiction.

Il arrive des fois qu'on perde tout l'espoir de trouver la personne qui nous convient, parce qu'on a connu trop de déceptions.

Il arrive des fois qu'on se sente seul, parce qu'on n'est pas encore tombé sur la personne qui connait nos valeurs.

En ce moment, on souffre au fond du cœur et on se trouve dans la solitude.

Tout cela n'est qu'une question de temps car il existe bien toujours :

Une personne avec qui on se sent mieux et on se comprend bien,

Une personne qui connait nos valeurs et cherche à nous rendre heureux,

Une personne qui éclaire notre vie au moment où on se trouve dans les ténèbres,

Une personne qui fait de nous ce dont on est incapable d'être seul,

Une personne qui nous rend fier de nous-même,

Une personne qui nous aime et qui n'a pas peur de montrer aux autres ce qu'elle ressent pour nous,

Une personne qui nous rend la vie si belle et si facile.

Oui j'ai enfin trouvé cette personne de ma vie, je le dis sans risque de me tromper, c'est bel et bien ma charmante !!

Ma charmante, je t'ai choisi car je connais tes valeurs alors ne te sent pas vexer par les critiques des gens car ils ne te connaissent pas, ils ne connaissent pas les valeurs cardinales régnant en toi qui sont le respect, l'enthousiasme, la compréhension, la bravoure, le savoir-vivre et j'en passe !!

Je t'ai choisi car tu es une demoiselle exceptionnelle qui éclaire ma vie avec plein de joie,

Tu me rends si fier de moi-même car tu es une force pour moi d'aller là où je n'y arriverai pas seul,

Tu me donnes le courage de persévérer dans la vie et tu me rends possible l'impossible,

Oui je t'ai choisi ma charmante !!

Je l'ai fait sans me demander pourquoi,

Je l'ai fait sans me soucier de ce va s'en suivre,

Je l'ai car mon cœur l'a décidé,

Je l'ai fait car c'était l'unique choix possible,

Je l'ai fait parce que, ce que je ressens pour toi est si fort que je ne peux l'expliquer à travers les mots,

Ma charmante, souvent les mots ne peuvent pas exprimer bien le contenu du cœur, seuls les actes peuvent en dire plus.

Ce que je ressens pour toi, les mots me manquent pour l'exprimer,

Alors je te résume en te disant que je t'aime et je t'aimerai pour toujours !!!!!!!!!!!

E. Hommage à Tembely

Si je n'avais pas connu cet être cher, je serais encore à nier l'existence de l'amitié,

Tellement que l'amitié d'aujourd'hui n'est rien d'autre de l'hypocrisie pure et simple,

Oui l'hypocrisie car c'est la seule et unique qualification valable de l'amitié d'aujourd'hui,

Comment appelle-t-on un ami qui cherche à connaitre tes défauts, tes points faibles et aller les raconter dehors ??

Quelle qualification à donner un ami qui se croit toujours plus intelligent et se croit important d'agir en premier pour l'autre ?

Comment oublier tous ces temps passés avec cet ami si cher ??

Un ami qui avait compris le vrai sens de l'amitié,

Un ami qui savait me donner le sourire,

Qui était à mes côtés au moment du besoin,

Un ami qui comprenait le sens de chacun de mes mots,

Un ami qui lisait dans mes pensées,

Un ami si attaché aux valeurs morales,

Un ami qui n'avait pas besoin que je parlais pour savoir ce que ce j'avais,

Un ami qui avait compris qu'en amitié les efforts doivent aller dans les deux sens à la capacité de chacun alors il est inutile de comparer ses efforts à ceux de l'autre,

Cet ami cher me manque jour !!

Un ami dont la sincérité et l'honnêteté sont sans égales,

Quoi de pire que de perdre un être si cher comme Tembely ?

Perdre Tembely a été une épreuve très difficile que j'ai eue du mal à supporter,

Perdre cet ami si cher a sans doute laissé un vide dans ma vie !!!

Que cet ami unique se repose en paix !!!

F. Poème : Ma charmante adorée !

Ma charmante adorée !!!

Sache que je t'aime avec un amour sincère,

Je pense à toi chaque instant de ma vie,

Sache que t'es la seule personne pour qui je me bats,

Tu es toutes mes forces et mes énergies ma charmante,

Tout ce que je veux, c'est de bâtir un avenir meilleur rempli de joie et de bonheur avec toi,

Sache que ta présence dans ma vie me permet de surmonter les obstacles de la vie,

Tu es la personne qui me réconforte et qui me motive d'aller plus loin,

Ma charmante adorée, tu ne peux pas savoir à quel point je veux te rendre heureuse,

Je veux que tu sois enviée par les autres femmes et non le contraire,

Quand j'ai pu conquérir ton amitié, je me suis dit qu'il fallait aller plus loin car je ne voulais plus te perdre,

Je pouvais plus rester ton simple ami car aucun homme ne peut avoir la chance de te côtoyer sans tomber secrètement amoureux de toi,

C'est pourquoi j'ai décidé de passer le restant de ma vie avec toi,

Ce qui m'attire le plus chez toi ma charmante, c'est sans doute ta loyauté, ton respect, ton humilité et tant d'autres valeurs qui t'incarnent,

T'es à la fois une femme battante, compréhensive, sincère et sociable,

Tu ne cesses de m'impressionner chaque jour,

Laisse-moi à mon tour de faire autant,

Laisse-moi te prouver que tout ce que je t'ai dit jusque-là vient du plus profond de mon cœur,

Ma charmante si une femme pouvait être parfaite, ce serait sans doute toi,

Chaque fois que j'écris pour toi, je ne fais que de je prendre la plume et fermer mes yeux, ainsi la page se remplit toute seule,

Simplement, parce que mon cœur ne contient que toi ma charmante,

Je t'aime sans limite ma charmante !!!

Ton Oumy !!!

G. Poème : Hommage à ma mère !!

Une mère est pour l'enfant comme la mer est pour le poisson,

Une mère est pour l'enfant comme la forêt est pour les animaux,

Une mère est pour l'enfant comme le moteur est pour la voiture,

Elle est sans doute la fondation de la réussite de l'enfant,

Son amour est sans limite et inconditionnel pour son enfant,

Elle est la seule personne prête à tout pour son enfant,

C'est elle seule qui n'abandonne jamais son enfant même si celui l'abandonne,

Elle est la seule personne irremplaçable dans la vie d'un homme,

C'est elle qui sacrifie son sommeil et tout son confort pour son enfant,

Elle est la seule personne qui souhaite plus de bonheurs à son enfant qu'elle ne souhaite pour elle-même,

Un enfant qui manque de respect et de considération à sa mère aura raté la fondation de sa réussite,

Comment pourrai-je parler de ma vie sans un hommage vibrant à ma mère ??

Ma mère qui est ma raison de vie,

Ma mère qui m'a donné tant d'amours dont je saurais remercier même le millième,

Mon satisfécit est que cette belle dame soit là à tous mes moments de bonheur,

Pour que je puisse lui donner le plus beau sourire,

Pour que je puisse mesurer la teneur de mon bonheur,

Pour que je puisse me sentir heureux et important,

Pour je puisse donner un sens à mon existence,

C'est quoi le bonheur sans cette belle dame ?

Le bonheur n'existe pas s'il n'est pas partagé avec sa mère,

Le bonheur si c'est de donner de la joie à sa mère,

Le bonheur c'est de voir que sa maman fière de lui,

L'unique instrument de mesure du bonheur est sa maman,

Aimer sa maman ne consiste guère à dire « maman je t'aime », loin de là,

Il ne s'agit aucunement de publier sa photo partout sur le net avec un simple j'aime,

Il s'agit de l'aimer au fond de soi,

De ne pas lui transgresser les ordres,

De détester les mauvais comportements qu'elle déteste,

D'aimer les bonnes actions qu'elle aime,

De faire attention à son cœur, de rien faire ou dire qui puisse la blesser,

Aimer sa maman, c'est de souhaiter le meilleur pour elle,

C'est aussi de partager le peu qu'on a avec elle,

C'est de faire son mieux pour elle, pour qu'elle sache que sa souffrance n'a pas été vaine,

Aimer sa maman, c'est d'éprouver le plus grand respect pour elle et se rabaisser le plus maximum possible pour elle,

C'est aussi, de respecter les autres mamans et savoir traiter les mamans des autres un même titre que la sienne,

Maman, pourquoi ne pas penser à toi incessamment ??

Toi qui m'as supporté quand j'étais petit,

Quand je te salissais chaque jour,

Quand j'étais trop capricieux,

Tu as tout supporté pour moi,

Pourquoi je ne ferai pas autant pour toi???

Même si toute la mer devient l'encre pour écrire sur les arbres du monde entier pour te remercier, ce ne sera jamais assez,

Il n'y a pas de mot pour te remercier à ta juste valeur, maman

Juste te dire que ma vie sans toi, c'est comme un ordinateur sans système d'exploitation,

Ma vie sans toi, c'est un avion sans pilote,

Ma vie sans toi, c'est le béton sans ciment,

Ma vie sans, c'est une banque sans l'argent,

Quand j'écris pour cette bonne dame, je ne sais pas où m'arrêter,

Tellement que mon amour pour elle ne fait qu'augmenter de manière exponentielle,

Toute ma reconnaissance à réitérer à ma maman et à toutes les mamans du monde,

Je t'aime ma mère !!!

Printed by Books on Demand GmbH, Norderstedt / Germany